BEI GRIN MACHT SICH IHR WISSEN BEZAHLT

- Wir veröffentlichen Ihre Hausarbeit, Bachelor- und Masterarbeit

- Ihr eigenes eBook und Buch - weltweit in allen wichtigen Shops

- Verdienen Sie an jedem Verkauf

Jetzt bei www.GRIN.com hochladen und kostenlos publizieren

Peter Roschmann

Waschaktive Substanzen - über den Einfluß von Tensiden auf Mensch und Umwelt

GRIN Verlag

Impressum:

Copyright © 2011 GRIN Verlag GmbH
Druck und Bindung: Books on Demand GmbH, Norderstedt Germany
ISBN: 978-3-640-94480-4

Dieses Buch bei GRIN:

http://www.grin.com/de/e-book/174102/waschaktive-substanzen-ueber-den-einfluss-
von-tensiden-auf-mensch-und

Waschaktive Substanzen -
über den Einfluss von Tensiden
auf Mensch und Umwelt

Im Hauptseminar

„Umweltverhalten von Schadstoffen"

im Geographischen Institut

der Leibniz Universität Hannover

Referent: Peter Roschmann
Institut für Geographie und Landschaftsökologie
Leibniz Universität Hannover

Inhaltsverzeichnis

1   Einleitung

Immer wieder berichten die Medien von Skandalen bezüglich toxischer Stoffe im Zusammenhang mit Lebensmitteln oder Umweltschäden. Erst kürzlich war überall von mit Dioxin belasteten Eiern bzw. Fleischprodukten zu lesen. Es wundert nicht, dass ein öffentliches Interesse für derartige Gefahren erst nach einem Skandal entsteht, schließlich gibt es eine schier unzählbare Menge an Giften und Toxinen die tagtäglich in Kontakt mit dem Menschen treten und dieser nicht jeden Giftstoff berücksichtigt. Dennoch erscheinen diese Skandale als Notwendigkeit, schärfen sie schließlich das Bewusstsein der Allgemeinheit für gefährliche Stoffgruppen bzw. Chemikalien, lenken das Licht auf die Hersteller und Vertriebe etwaiger Stoffe und bewirken Gesetzesentwürfe die ein unkontrollierten Eintrag in die unmittelbare Umwelt des Menschen verhindern.

Im Zuge dieser Arbeit wird auf die Klasse der „Waschaktiven Substanzen" oder „Waschaktiven Chemikalien" eingegangen, die im Frühjahr 2006 wieder in die Öffentlichkeit gelangten, als im Hochsauerlandkreis in der Ruhr sowie im Grund- und Trinkwasser *Perfluorierte Tenside* (PFT) in erhöhter Konzentration aufgetreten sind. Über Nebenwirkungen von Tensiden wurde bereits in den 1960ern berichtet, als Gewässer überall auf der Erde in meterhohen Schaumbergen verschwanden. Zurückzuführen war das auf die schwer abbaubaren Stoffverbindungen die damals neuerdings synthetisch hergestellt wurden um die Reinigungswirkung zu verbessern (vgl. KELLER (BLFWW) 2001, S. 13). Es folgte das Detergentiengesetz welches vorschrieb, dass schwer abbaubare Tenside durch leicht abbaubare anionische Tenside substituiert werden mussten (vgl. KELLER (BLFWW), 2001, S 13). Nach diversen Ergänzungen, unter anderem der Ausdehnung der Vorschriften zur Primärabbaubarkeit von nichtionischen Tensiden, existiert heute das Wasch- und Reinigungsmittelgesetz auf der Grundlage des 1961 entstandenen Entwurfs (vgl. KELLER (BLFWW) 2001, S. 14). Mit den Gesetzesentwürfen einhergehenden Untersuchungen zeigte sich, dass Tenside ubiquitär vorhanden sind und ortsweise stark erhöhte Werte aufweisen (vgl. DR. STUPP CONSULTING GMBH).

Auf die Akkumulation von Tensiden in kontaminiertem Trink- und Abwasser sowie in Klärschlamm und Böden wird im Laufe dieser Arbeit Bezug genommen und versucht, sich dem Verständnis für den Aufbau, die Struktur und den Eigenschaften von Tensiden anzunähern. Ferner wird ein Überblick über die verschiedenen Verbindungen von Tensiden gegeben und eine Analyse über die Toxizität genannter Stoffe ausgeführt.

Anwendungsbereiche für Tenside

- Waschmittel
- Haushaltsreiniger
- Shampoos
- Zahnpasta
- Kosmetika
- In Farben und Lacken
- Als Emulgatoren in Lebensmitteln
- Zur Aufbereitung von Sedimentproben
- Fotographie
- Papierrecycling
- In der Brandbekämpfung

2 Was sind Tenside

2.1 Beschreibung

Der Begriff „Tenside" umfasst ein breites Spektrum an chemischen Verbindungen und Stoffen mit besonderen Eigenschaften. Die Grundeigenschaft all dieser Stoffe sind ihre grenzflächenaktiven Fähigkeiten. Tenside verringern die Oberflächenspannung von Wasser und setzen somit quasi die Viskosität des Wassers herab. Veranschaulicht werden kann dies, indem ein Glas ein wenig über den Rand mit Wasser gefüllt wird. Die Oberflächenspannung des Wassers verhindert ein Überfließen. Wird jedoch eine geringe Menge eines Tensids hinzugegeben, fließt das über den Rand stehende Wasser sofort ab (vgl. SEILNACHT 2011). Der Hauptverwendungszweck liegt in der Reinigungsindustrie, wo schwer verschmutzte Textilien mit Tensiden gereinigt werden. Anders als z.B. Zucker sind Fette, Öle oder Weinflecken nicht wasserlöslich. Mit der Zugabe von Tensiden können selbst diese Verschmutzungen gelöst werden. Die Grenzflächenaktiven Eigenschaften von Tensiden erlauben eine Vermischung von Wasser und Ölen, sodass an Kleidung haftender Schmutz entfernt wird (vgl. BLFW 1990).

Die ersten vom Menschen benutzten Tenside waren die Seifen, die bereits vor 4000 Jahren vorhanden waren. Mit Beginn der Industrialisierung stieg die Menge an hergestellten und benutzten Tensiden stark an. So betrug die Masse an produzierten Reinigungsmitteln in Deutschland 1987 ca. 2 Millionen Tonnen wovon näherungsweise 250.000 Tonnen auf den wichtigsten Bestandteil, den Tensiden, anfielen (vgl. BLFW 1990, S. 9). Ab Mitte der 1950er Jahre wurden zudem synthetische Tenside, die sogenannten „*Perfluorierte Tenside*" bzw. „*Polyfluorierte Tenside*" (PFT) hergestellt um modernere Textilien wie wasserabweisende Jacken zu produzieren.

Auf den strukturellen Aufbau und die chemische Wirkungsweise von Tensiden sowie deren Klassifizierung wird im folgenden Abschnitt eingegangen.

2.2 Struktur und Aufbau

Grundsätzlich ist der Aufbau von Tensiden identisch. Molekular bestehen sie aus einem hydrophoben und einem hydrophilen Teil, wobei der hydrophobe Teil auch als lipophil bezeichnet werden kann. Folglich sind Tenside amphiphil, wasser- und fettliebend. Der hydrophobe Teil des Moleküls besteht in den meisten Fällen aus einem Kohlenstoffrest und wird auch als unpolarer Teil des Moleküls bezeichnet. Der funktionelle polare Teil ist hydrophil und kann je nach Art des Tensids eine elektrische Ladung besitzen oder nicht (vgl. SEILNACHT 2011).

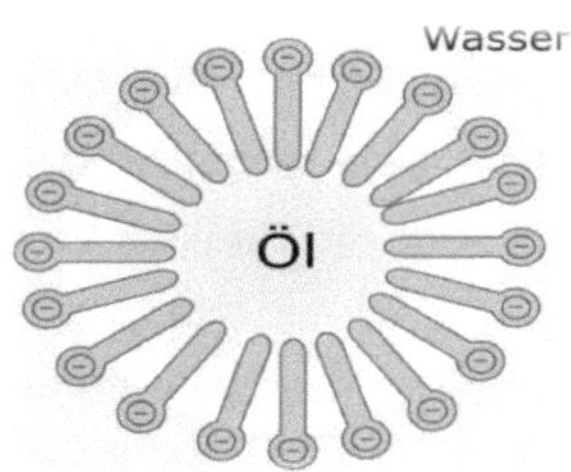

Abb. 1: Tensidmolekül in Wasser (www.wikipedia.de)

Abbildung 1 zeigt die allgemeine Funktionsweise von Tensiden. Der polare hydrophile Teil des Moleküls befindet sich im Wasser, während die unpolare Alkylgruppe vom Wasser weggerichtet ist. Bedingt durch diesen molekularen Aufbau reichern sich Tensidmoleküle vorzugsweise an Grenzflächen wie z.B. Wasser & Schmutz an, was der Ursprung ihrer Einordnung in die grenzflächenaktiven Substanzen ist (vgl. BLFW 1990). Genauer ausgedrückt: die stark polarisierten Wassermoleküle ziehen den polaren Teil des Tensids an, wodurch der Alkylrest an unpolare Grenzflächen gedrängt wird. Dieser Vorgang erklärt die tendenzielle Neigung von Tensiden immer zuerst an Grenzflächen wirksam zu werden (vgl. GERSTL 2003).

Das weltweit wichtigste Tensid ist das lineare *Alkylbenzolsulfonat* (LAS) mit der chemischen Formel $R - C_6H_4 - SO_3Na^+$ welches das in den 1950er Jahren entwickelte *Tetrapropylenbenzolsulfonat* (TBS) ersetzte (www.wikipedia.de). Dieses wiederum ersetzte die Seifen als meistbenutztes Tensid, allerdings wurde die Produktion durch die schlechte Abbaubarkeit im Abwasser rasch eingestellt.

Mit diesem Basiswissen über die allgemeine Struktur von Tensiden lässt sich die Waschwirkung leichter nachvollziehen. Der hydrophobe unpolare Alkylrest des Moleküls lagert sich an ebenfalls hydrophoben Schmutzpartikeln an. Der hydrophile polare Teil trägt zur Wasserlöslichkeit bei. An der Grenzfläche zwischen Schmutzpartikel und Faser entsteht eine gleichsinnig geladene hydrophile Schicht, die zu einer elektrostatischen Abstoßung führt (vgl. GERSTL 2003).

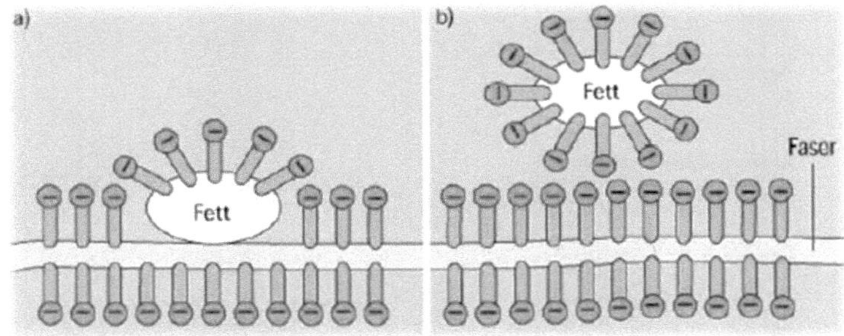

Abb. 2: Waschwirkung von Tensiden (GERSTL 2003)

Die nun freischwebenden Schmutzpartikel bilden zusammen mit dem Medium indem sie sich befinden eine Suspension, d.h. ein wiederholtes Anhaften an Gewebefasern ist aufgrund der gleichen elektrischen Ladung nicht möglich.

Eine Tensidlösung dringt folglich leichter in Faserstrukturen ein als reines Wasser und trägt zu einer besseren Waschwirkung bei. Anhand dieser Eigenschaft lässt sich auch die Trübung des Wassers durch beigemischte Tenside erklären, die der Tyndall-Effekt beschreibt. Sind alle Oberflächen bereits von Tensidmolekülen besetzt, bilden die Restlichen kugel- und stäbchenförmige Micellen die das einfallende Licht stark streuen (vgl. GERSTL 2003).

2.3 Klassifizierung

Bei der Klassifizierung von Tensiden wird im Rahmen dieser Arbeit einerseits unterschieden zwischen nichtionischen-, anionischen-, kationischen und amphoteren Tensiden, kurz: nach der Art der Ladung im funktionellen Teil und den *Perfluorierten Tensiden*, bei denen im Alkylrest die Wasserstoffatome synthetisch durch Fluoratome ersetzt wurden (www.wikipedia.de).

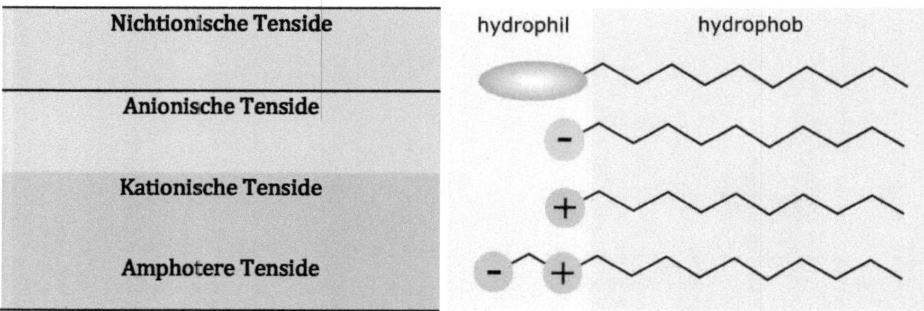

Abb. 3: Einfache Darstellung des Molekülaufbaus (Eigene Darstellung nach www.wikipedia.de)

Den weltweit größten Anteil in der Tensidproduktion haben die nichtionischen Tenside, die unter anderem wegen ihrer geringen Schaumbildung hauptsächlich in Reinigungs- und Desinfektionsmitteln eingesetzt werden (vgl. AUERSWALD 1987, S. 12). Anionische Tenside waren bis vor 25 Jahren die dominierende Form die mittlerweile von den in der Reinigungswirkung leistungsfähigeren nichtionischen Tensiden abgelöst wurden (GERMSCHEID 1981 zitiert in AUERSWALD 1987, S. 12). Die anionischen Tenside werden aber weiterhin aufgrund ihrer guten Hautverträglichkeit in Kosmetik und Handgeschirrspülmittel verwendet (www.wikipedia.de). Tenside mit einer positiv geladenen funktionellen Gruppe werden kationische Tenside genannt. Vorzugsweise kommen als Ladungsträger die Elemente Stickstoff, Phosphor und Schwefel vor (vgl. AUERSWALD 1987, S. 13). Amphotere Tenside haben jeweils eine positive und negative Ladung im polaren Teil und machen den geringsten Anteil der produzierten Tenside aus. Diese werden teilweise mit anionischen Tensiden zugesetzten Reinigungsmitteln beigefügt um die Waschwirkung zu verstärken.

Die folgenden Abbildungen verdeutlichen das starke Wachstum der Tensidproduktion innerhalb einer Zeitspanne von 10 Jahren in Deutschland.

- anionische Tenside	ca. 132.000 t
- nichtionische Tenside	ca. 93.500 t
- kationische Tenside	ca. 23.000 t
- amphotere Tenside	ca. 5.500 t

Abb. 4: Tensidproduktion in Deutschland 1987 (BLFW 1990)

Tensidproduktion 1997

100 % Aktivsubstanz

	t
Anionische	343.000
Nichtionische	405.000
Kationische	61.000
Amphotere	20.500
Total	829.000

Abb. 5: Tensidproduktion in Deutschland 1997 (BLFWW 2001)

Deutlich zu sehen ist, dass sich die Produktionsmenge in nur 10 Jahren fast vervierfacht hat. Ebenfalls zu erkennen ist die bereits erwähnte, stärker werdende Rolle der nichtionischen Tenside deren Produktionsmenge die der anionischen Tenside mittlerweile übersteigt.

Nichtionische Tenside

Wie bereits erwähnt bildet dieser Typ von Tensiden den größten Teil der produzierten Menge. Unter den nichtionischen Tensiden bilden die *Alkylpolyglucoside*, die zu den Zuckertensiden gehören und folglich aus nachwachsenden Rohstoffen stammen sowie biologisch gut abbaubar sind, den bevorzugten Typ von Tensiden in Reinigungsmitteln da sie besonders hautfreundlich sind (vgl. AUERSWALD 1987, S. 12). Die Klasse der *Nonylphenolethoxylate*, zu denen das Tensid *Nonoxinol 9* gehört, ist ebenfalls gut abbaubar, jedoch sind sie aufgrund ihrer hormonaktiven Wirkung ökologisch bedenklich (www.wikipedia.de). So wird z.B. *Nonoxinol 9* mit seiner spermiziden Wirkung häufig als Gleitbeschichtung in der Kondomherstellung benutzt. Es können Reizungen der Vaginalschleimhaut und des Gebärmutterhalses auftreten, was indirekt auch eine potentielle Infektion erhöht (www.wikipedia.de).

Anionische Tenside

Anionische Tenside haben eine negative polare Gruppe die meist Carboxylate oder Sulfonate enthält. Zu den „anionics" gehört das bekannteste Pflegeprodukt, die Seife (vgl. AUERSWALD 1987, S. 12). Ebenfalls zu den anionics gehören die linearen *Alkylbenzolsulfonate* (LAS). Diese zu starker Schaumbildung gehörenden Tenside werden heutzutage bevorzugt in Handspülmitteln und handelsüblichen Seifen bzw. auch in großen Mengen in Waschpulver verwendet.

Kationische Tenside

Die meisten kationischen Tenside sind *quartäre Ammoniumverbindungen* (QAV) und besitzen eine biozide Wirkung, d.h. sie sind keimtötend (vgl. DUNSMORE 1983 zitiert in: AUERSWALD 1987, S. 13). Die antimikrobielle Wirkung beruht auf der Schädigung der Zell- und Membranwänden wodurch Zellinhaltsstoffe austreten und Fremdstoffe eintreten können (vgl. AUERSWALD 1987, S. 13). Bis 1991 fanden die kationischen Tenside große Anwendung in Weichspülern, werden aber seitdem aufgrund ihrer hohen aquatischen Toxizität und der fehlenden anaeroben Abbaubarkeit in diesem Bereich nicht mehr eingesetzt (KAISER et al. 1998, S. 133). Anwendung finden sie in Desinfektionsmitteln für Krankenhäuser, im Holzschutz oder als Antialgenmittel in Schwimmbädern sowie als Konditioner in Shampoos (www.wikipedia.de).

Amphotere Tenside

Die eine positive und negative Ladung in der funktionellen Gruppe enthaltenen amphoteren Tenside oder zwitterionischen Tenside sind sehr gut hautverträglich, wodurch sie Anwendung als Co-Tenside finden was bedeutet, dass sie zu anionischen Tensiden hinzugegeben werden um die Wirkung zu verbessern (www.wikipedia.de).

Perfluorierte Tenside (PFT)

Der Unterschied zwischen Perfluorierten Tensiden und den bisher erläuterten Typen besteht in der Alkylgruppe, also dem Kohlenstoffrest der hydrophob ist und bei den PFT die Wasserstoffatome durch Fluoratome synthetisch ersetzt wurden. Die bekanntesten Stoffgruppen der PFT sind die *Perfluoroctansäuren* (PFOA) und die *Perfluoroctansulfonate* (PFOS). PFT kommen in der Natur nicht natürlich vor, sondern sind vollständig von Menschen hergestellt. Sie weisen eine hohe thermische und chemische Stabilität auf und werden in einem breiten Spektrum an Produkten eingesetzt (vgl. REINHARDT 2010). Ein wichtiger Unterschied ist der lipophobe Charakter der PFT, der sie nicht nur wasserabweisend, sondern auch Öl- und Fettabweisend macht. Infolgedessen werden sie in vielen Textilien z.B. in atmungsaktiven Jacken, Regenschutzbekleidung sowie in antihaftbeschichteten Pfannen (Teflon) bzw. allgemein in schmutzabweisenden Oberflächen eingesetzt (vgl. REINHARDT 2010).

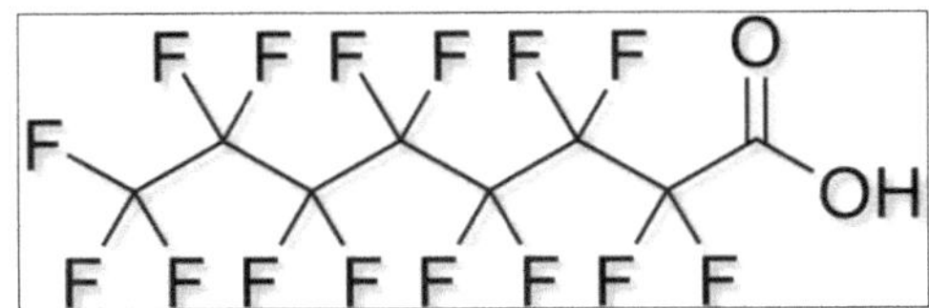

Abb. 6: Chemischer Aufbau von PFT (www.wikipedia.de)

Referent: Peter Roschmann
Institut für Geographie und Landschaftsökologie
Geographisches Institut Leibniz Universität Hannover

3 Ökologische Aspekte von Tensiden

3.1 Bewertung der Toxizität

Um das Gefahrenpotential von Tensiden für die Umwelt abschätzen zu können, müssen zunächst Kriterien eingeführt werden die eine Einstufung des Gefährdungspotentials zulassen. Diese Kriterien sind:

- Biologische Abbaubarkeit
- Aquatische Toxizität
- Bioakkumulation

Laut dem Wasch- und Reinigungsmittelgesetz wird eine biologische Primärabbaubarkeit von 90% vorgeschrieben (BLFWW 2001, S. 33). Der Primärabbaugrad unterscheidet sich jedoch vom eigentlichen Abbau insofern, dass er sich nur auf den Verlust der Grenzflächenaktivität bezieht. Das Gesetz umfasst folglich nicht eventuelle Reststoffe die am Ende der Abbaukette übrig bleiben. Das allgemeine Zulassungsschema eines Tensids wird in folgender Abbildung dargestellt.

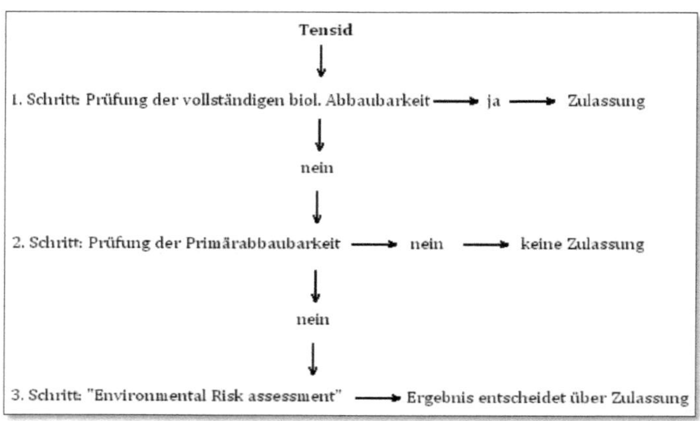

Abb. 7: Zulassungsschema eines Tensids (nach BLFWW 2001, S. 18)

3.1.1 Perfluorierte Tenside

Die Vorteile dieser chemischen Stoffverbindung erscheinen allerdings durch die erheblichen Nachteile weniger optimistisch. So stehen PFT in Verdacht karzinogene Eigenschaften zu besitzen. Zugleich spielt ihre Persistenz in der Umwelt einen wichtigen Aspekt, aufgrund dessen sie in die Gruppe der „persistent organic pollutants" (POP) eingeordnet werden können (vgl. REINHARDT 2010). Ihre Kohlenstoff-Fluor Verbindung ist eine der stärksten in der organischen Chemie wodurch ihre Persistenz in der Natur auch auf eine hohe Mobilität schließen lässt. Es wurden bereits Nachweise in den Weltmeeren sowie in den Polargebieten gefunden (vgl. DR. STUPP CONSULTING GMBH).

Der Aspekt der Bioakkumulation, also der Neigung sich in organischem Gewebe anzureichern, ist ebenfalls ein Problem das den PFT anhaftet. Diese reichern sich nicht im Fettgewebe, sondern an Proteine im Blut bzw. in der Leber und anderen Organen an (vgl. REINHARDT 2010). Diese Tendenz sowie das ubiquitäre Vorkommen der PFT wurden durch Untersuchungen an Eisbären und Meerestieren belegt (vgl. REINHARDT 2010). So wurden im Blut von Meerestieren Konzentrationen von 6-52 ng/ml und in Lebern von Eisbären 180-680 ng/g gemessen (vgl. DR. STUPP CONSULTING GMBH). Durch Untersuchungen von PFOS und PFOA in Ratten bzw. in Affen bezüglich der Toxizität und der Abbaubarkeit, hat das Bundesinstitut für Risikobewertung eine tolerierbare Höchstgrenze für die Aufnahme von PFT festgesetzt. Diese liegt 0,1 µg/kg Körpergewicht pro Tag. Bei einem Menschen von 80 kg wäre die Höchstgrenze also mit 8 µg am Tag erreicht (vgl. WÖLFLE 2007). Die durchschnittliche Halbwertszeit im menschlichen Organismus liegt bei ungefähr 4,5 bis 9 Jahren (vgl. WÖLFLE 2007 & REINHARDT 2010). Diese lange Verweilzeit begründet auch die chronische Toxizität von PFT. In Tierversuchen wurden bei Ratten karzinogene und lebertoxische Auswirkungen, sowie Nekrosen und Hypertrophien festgestellt (vgl. WÖLFLE 2007). Inwieweit diese Folgen auf den Menschen übertragbar sind ist bisher noch nicht hinreichend untersucht worden. Jedoch lässt sich aufgrund der beim Menschen hohen Halbwertszeit der PFT der Schluss ziehen, das karzinogene und reproduktionsgefährdende Auswirkungen durchaus wahrscheinlich sind (vgl. DR. STUPP CONSULTING GMBH; REINHARDT 2010; WÖLFLE 2007).

3.1.2 Nonylphenol

Nonylphenol ($C_{15}H_{24}O$) ist ein persistenter Abbaurest von *Nonylphenolethoxylaten* der nach dem Primärabbau meist im Sekundärschlamm von Kläranlagen übrig bleibt (vgl. KAISER et al. 1998, S. 136). Hergestellt werden *Nonylphenole* in der chemischen Industrie in Größenordnungen von 450.000 t im Jahr 1996 (KAISER et al. 1998, S. 113).

Dem Stoff wird eine endokrine Wirkung zugesprochen, d.h. *Nonylphenol* ist eine hormonell wechselwirkende Substanz (vgl. BLFWW 2001, S. 227). *Nonylphenol* wird im Boden unter aeroben Bedingungen nach ca. 30 Tagen weitgehend abgebaut. Übrig bleiben jedoch viele Reststoffe und verzweigte Strukturen die, solange noch im Boden befindlich, stark toxisch wirken (vgl. KAISER et al. 1998, S. 137). Diese setzen in Konzentrationen von 50 mg/kg die enzymatische Aktivität von Mikroorganismen in kurzem Zeitraum bereits um 10 % herab (vgl. KOWALCZYK & WILKE 1990 zitiert in: KAISER et al. 1998, S. 137). Die hohe Toxizität, insbesondere die aquatische Toxizität mit LC_{50}-Werten zwischen 0,13 bis 1,4 mg/l sind für Fische, Algen und Bodenbakterien überaus gefährlich und stört z.B. das kohäsive Verhalten von Fischschwärmen (vgl. HILLENBRAND et al. 2006). Die Bioakkumulation ist mit einem Biokonzentrationsfaktor von > 1000 ebenfalls sehr hoch. Diese Zahl besagt, dass die Konzentrationen in Organismen 1000-mal höher ist als die Konzentration im umgebenden Medium (vgl. www.wikipedia.de). Bei dieser Zahl wird allerdings die Aufnahme über die Nahrung ignoriert und lediglich die Aufnahme über die Kiemen bzw. über die Oberfläche von Organismen berücksichtigt. Zusammenfassend lässt sich aus ökotoxikologischer Sicht ein hohes toxisches Potential auf aquatische Organismen aber ein niedriges toxisches Potential auf Sedimentorganismen feststellen. Ausserdem hat es endokrine Eigenschaften und schädigt die Bodenmikroflora ab Grenzwerten von 50 mg/kg (KAISER et al. 1998, S. 213).

Aufgrund der aufgeführten Gründe bezüglich der Persistenz, Toxizität und Bioakkumulation sowie dem unkontrollierten diffusen Eintrag in Gewässer ist die industrielle Herstellung von *Nonylphenol* seit 2003 in Europa verboten bzw. die Anwendung in bestimmten Bereichen stark eingeschränkt (vgl. HILLENBRAND et al. 2006).

3.2   Stoffeintrag in Böden und Gewässer

Die Menge an Tensiden die ins Abwasser gelangen betrug im Jahr 1998 ca. 200.000 t (vgl. KAISER et al. 1998). In Deutschland werden davon 90 % in Kläranlagen gereinigt, was den Anforderungen des Wasch- und Reinigungsmittelgesetzes entspricht. Am Beispiel von *Nonylphenol* beträgt die allgemeine Verteilung in der Natur ca. 25 % im freien Wasser, > 60 % in Sedimenten von Gewässern und > 10 % in Böden (KAISER et al. 1998, S. 120). In Anbetracht der riesigen Produktionsmengen die jedes Jahr zudem weiter ansteigen, haben die Mengen die nicht abgebaut werden trotzdem eine gewisse Relevanz. Tenside behalten, nachdem sie ins Abwasser bzw. andere Gewässer gelangen weiterhin ihre grenzflächenaktiven Eigenschaften und stellen somit eine Gefahr für aquatische Organsimen und folglich auch für den Menschen dar (vgl. GERSTL 2003). Nachweißlich schädigend ist die Einwirkung von Tensiden auf Membranstrukturen und daraus folgend die Beeinträchtigung von Permeabilitätseigenschaften von Membranen (nach FELIX 1982 zitiert in: RIEß 1993, S. 12).

Die im Sekundärschlamm unter anaeroben Bedingungen zum großen Teil nicht abbaubaren Tenside stellen ein Gefahrenpotential dar, was einen Handlungsbedarf seitens der Gesetzgeber fordert. Die hohe Affinität von Tensidrückständen wie *Nonylphenol* oder *Perfluoroctansulfonaten* zur Adsorption im Klärschlamm erzwingt einen Verzicht oder aber eine Substitution von anaerob nicht abbaubaren Tensiden. Als Beispiel für den Eintrag von Tensiden ins Abwasser und schließlich in den Klärschlamm dient eine im Zuge des Instituts für Hygiene und Öffentliche Gesundheit der Universität Bonn Anfang 2006 durchgeführte Untersuchung der Ruhr und der Möhne auf Vorkommen von Perfluorierten Tensiden in Oberflächenwässern. Trotz der seit 1990 rückläufigen Konzentrationen von Tensidgehalten im Klärschlamm (vgl. KAISER et al. 1998, S. 213), ergab die Untersuchung eine ortsweise stark erhöhte Konzentration von PFT deren Eintrag zurückzuführen war auf aus Industrieabfällen hergestelltem Dünger und aus auf Feldern ausgebrachtem Klärschlamm. Da die Aufbereitung von Abwasser in vielen Kläranlagen auf dem biologischen Abbau durch Mikroorganismen basiert, diese aber mit *Nonylphenol* und PFT nicht wechselwirken, ist die Herkunft der hohen Konzentrationen aus kontaminierten Abwässern bewiesen.

Nach **Kaiser et al. 1998** fallen jedes Jahr in Deutschland ca. 2.700.000 t Klärschlamm an. Die folgende Abbildung zeigt die Verwertung des Klärschlamms in Deutschland. Es wird ersichtlich, dass mehr als 50 % für landwirtschaftliche Zwecke genutzt wird. Ergo, wird eine enorme Menge auf landwirtschaftlich genutzten Böden ausgebracht. Ist dieser Klärschlamm durch Schadstoffe belastet, werden diese durch das Wasser im Boden von den Pflanzen aufgenommen und enden schließlich als Nahrung im Menschen.

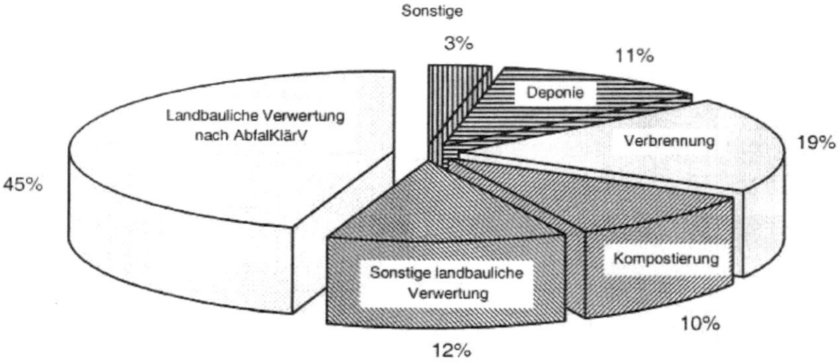

Abb. 8: Klärschlammentsorgung in Deutschland (aus KAISER 1998, S. 2)

Wie bereits erwähnt sind die Produktions- und Verbrauchsmengen seit 1990 rückläufig und auch der freiwillige Verzicht auf die Produktion von toxischen Stoffen seitens der Chemieindustrie haben die Belastungen in Gewässern und Böden sinken lassen (vgl. KAISER et al. 1998, S. 126). Trotzdem sind Schadstoffe und persistente Substanzen generell im Trinkwasser unerwünscht und die temporäre Schadstoffsenke im Sediment (siehe S. 15) kann jederzeit zu einer Schadstoffquelle werden, was die Kontamination über die Grenzwerte hinaus steigen lassen würde (vgl. REINHARDT 2010). Entgegen der rückläufigen Tendenz ist allerdings zu beachten, dass für viele Stoffverbindungen und deren Auswirkungen keine fundierten Langzeituntersuchungen vorliegen. Zusätzlich gelangen verbotene Stoffe über diffuse Einträge und vorbelasteten Importwaren aus Nationen mit weniger strengen Auflagen weiterhin in die EU.

4 Einflüsse auf Mensch und Natur

4.1 Beispiel PFT: Cholesterinerhöhung bei Kindern

Auf die zahlreichen negativen Eigenschaften von PFT wurde bereits ausführlich in Kapitel 2.3 und 3.1.1 eingegangen. In diesem Abschnitt soll anhand aktueller Untersuchungen ein Fallbeispiel erläutert werden, welches veranschaulicht, dass noch nicht alle langzeitlichen Folgen durch Belastungen von PFT absehbar sind.

Im Rahmen der Untersuchung von möglichen Schäden am Menschen durch PFT wurden 2010 im mittleren Osten der USA Blutproben von 12.000 Jugendlichen im Alter zwischen 12 und 19 Jahren untersucht. Ausschlaggebend für die Wahl des Untersuchungsgebiets war die Einleitung von *Perfluoroctansäuren* (PFOA) in den Ohio Fluss durch den Chemiekonzern DuPont. Der Konzern ist bereits vor Jahrzehnten negativ aufgefallen, da er als Haupthersteller von FCKW maßgeblich an der Bildung des Ozonlochs verantwortlich war (vgl. www.wikipedia.de). Im Jahr 2008 war DuPont mit Abstand Spitzenreiter des *„Toxic 100 Index"*, einer Rangliste der größten Luftverschmutzer unter amerikanischen Unternehmen. Im Jahr 2005 musste DuPont der amerikanischen Umweltschutzbehörde eine Vergleichssumme von mehreren millionen Dollar bezahlen, da sie gesundheitsschädliche Eigenschaften ihrer hergestellten Chemikalie PFOA verschwiegen hat.

Im Rahmen des C8 Health Project haben Mitarbeiter der *West Virginia University School of Medicine* eine Korrelation zwischen den erhöhten Cholesterinwerten und der Exposition von PFOA und PFOS ermittelt (vgl. ÄRZTEBLATT 2010). Die PFOA-Konzentrationen im Blut lagen demnach bei 29,3 ng/ml um das zehnfache höher als der Landesdurchschnitt. Da die Untersuchungen auf Jugendliche beschränkt waren, sind mögliche Langzeitschäden laut den Autoren der Studie nicht auszuschließen. Folglich sind weitere Untersuchungen notwendig um Aussagen über Späterscheinungen treffen zu können.

4.2 Yamuna, der „tote Fluss"

Als die Flüsse überall auf der Welt Ende der 1950er anfingen zu schäumen und teilweise vollständig unter Schaum verschwunden sind, wurden allmählich die Auswirkungen von Tensiden realisiert. Es folgten diverse Verbesserungen im Stoffgemisch oder schädliche Stoffe wurden durch verträglichere substituiert.

Doch trotz der umweltfreundlicheren Tenside schäumen auch heutzutage noch Flüsse in Entwicklungsländern. Einerseits aufgrund der exponentiell steigenden Produktionsmengen, die den besseren Abbau von Tensiden sozusagen ausgleichen, andererseits wegen unzureichenden Kläranlagen. Der Yamuna, der wichtigste Nebenfluss des Ganges in Indien ist ein Paradebeispiel für Umweltverschmutzung. In diesen wird 80 % des Abwassers aus Haushalten und Industrie ungeklärt eingeleitet. Gleichzeitig dient er aber vielen Menschen als Trinkwasserspender. Angesichts der folgenden Abbildung wird das ganze Ausmaß der Verschmutzung deutlich.

Abb. 9: Verschmutzung des Yamuna (www.news.de)

Die indische Regierung aber setzt ihr Augenmerk aufs Wirtschaftswachstum und die zunehmende Globalisierung. Umweltrelevante Aspekte werden außer Acht gelassen oder bewusst ignoriert. Beispielhaft dafür steht der Ausbau von Schnellstraßen entlang des Flusses, die diesen praktisch „einmauern" und die Sicht versperren (www.news.de).

Der menschliche Umgang mit Schadstoffen folgt scheinbar auch hier dem Motto *„aus den Augen, aus dem Sinn"*.

5   Zusammenfassung und Ausblick

In Zukunft ist ein weiterer Anstieg der Produktionsmenge von Tensiden zu erwarten. Gleichzeitig verbessert sich die Abbaubarkeit und die Umweltverträglichkeit der eingesetzten Stoffe. Ein gutes Beispiel für den Fortschritt ist hierbei der Verzicht auf *Tetrapropylenbenzolsulfonate* (TBS) Ende der 1950er Jahre, der als nahezu unzerstörbar in der Umwelt gilt. Ersetzt wurde dieser durch die *Alkylbenzolsulfonate* (LAS) die weitaus verträglicher für die Umwelt sind. Auf der anderen Seite werden von der Chemieindustrie ständig neue Stoffverbindungen hergestellt um verbesserte und anspruchsvollere Eigenschaften zu entwickeln um die wachsenden Ansprüchen der Konsumenten zu erfüllen. Und wie es schon bei den TBS war, so werden auch die langzeitlichen toxikologischen Auswirkungen jener Stoffe erst mit der Zeit bekannt. Zu nennen sind z.B. die Perfluorierten Tenside, deren gesamte gesundheitsschädliche Folgen erst langsam erkannt werden.

Angesichts der steigenden Produktionsmengen und der riesigen Palette an eingesetzten Stoffen, erscheint der Aspekt der Umweltverträglichkeit potentieller Schadstoffe als sehr fragwürdig. Schließlich spielt der Grenzwert eines Stoffes bezüglich toxischer Auswirkungen eine untergeordnete Rolle, wenn die produzierte und letztendlich in die Umwelt gelangende Menge exponentiell größer ist.

6 Literatur

[1]   AUERSWALD, D. (1987): Haftung ausgewählter Tenside an
      lebensmittelberührenden Oberflächen. TU München, Fakultät für Landwirtschaft
      und Gartenbau

[2]   ÄRZTEBLATT (2010): Perfluorierte Tenside erhöhen Cholesterinwerte bei
      Kindern.
      http://www.aerzteblatt.de/v4/news/news.asp?id=42625.
      Eingesehen am: 09.03.2011

[3]   BAYERISCHES LANDESAMT FÜR WASSERFORSCHUNG (BLFW) (Hrsg.) (1990):
      Umweltverträglichkeit von Wasch- und Reinigungsmitteln. München u. Wien,
      Oldenbourg Verlag

[4]   BAYERISCHES LANDESAMT FÜR WASSERWIRTSCHAFT (BLFWW) (Hrsg.)
      (2001): Moderne Wasch- und Reinigungsmittel – Umweltwirkungen und
      Entwicklungstendenzen. München: Oldenbourg Industrieverlag

[5]   GERSTL, C. (2003): Waschmittel.
      http://www.chemie.uni-regensburg.de/Anorganische_Chemie/Pfitzner/demo/
      demo_ss03/wasch.pdf.
      Eingesehen am: 09.03.2011

[6]   HILLENBRAND, T.; MARSCHEIDER-WEIDEMANN F.; STRAUCH, M. (2006):
      Emissionsminderung für prioritäre gefährliche Stoffe der
      Wasserrahmenrichtlinie.
      http://www.umweltdaten.de/wasser/themen/stoffhaushalt/nonylphenol.pdf.
      Eingesehen am: 14.03.2011

[7]   KAISER, T.; SCHWARZ, W.; FROST, M. (1998): Einträge von Stoffen in Böden –
      eine Abschätzung des Gefährdungspotentials. Berlin: Logos Verlag

[8]   KAISER, T.; SCHWARZ, W.; FROST, M.; PESTEMER,W. (1998): Evaluierung des
      Gefährdungspotentials bisher wenig beachteter Stoffeinträge in Böden. Berlin:
      Umweltbundesamt

[9]   MÜLLER, C. (2008): Olfaktorische Effektstoffe in tensidhaltigen Formulierungen.
      Göttingen: Sierke Verlag

[10] STUPP, H.D.: Informationen zu Perfluorierten Tensiden.
      http://www.dscweb.de/pft.html.
      Eingesehen am: 08.03.2011

[11]   REINHARDT, M. (2010): Perfluorierte Chemikalien im Grundwasser.
       http://www.bafu.admin.ch/grundwasser/07500/07563/11209/index.html?dow
       nload=NHzLpZeg7t,lnp6I0NTU042l2Z6ln1acy4Zn4Z2qZpnO2Yuq2Z6gpJCGeYF9
       gGym162epYbg2c_JjKbNoKSn6A--&lang=de.
       Eingesehen am: 09.03.2011

[12]   RIEß, M.H. (1993): Zur aquatischen Toxizität von Tensiden. Bremen: Shaker
       Verlag

[13]   WELT.DE (2007): Umweltgift raubt Fischen Sinn für Schwarmbildung.
       http://www.welt.de/wissenschaft/article1296986/Umweltgift_raubt_Fischen_Si
       nn_fuer_Schwarmbildung.html.
       Eingesehen am: 11.03.2011

[14]   WIKIPEDIA.DE (2011): Tenside
       http://de.wikipedia.org/wiki/Tenside.
       Eingesehen am: 08.03.2011

[15]   WÖLFLE, D.; Bundesinstitut für Risikobewertung (2007): Perfluorierte Tenside:
       Toxikologie.
       http://www.bfr.bund.de/cm/232/perfluorierte_tenside_toxikologie.pdf.
       Eingesehen am: 13.03.2011